BEI GRIN MACHT SICH IHR WISSEN BEZAHLT

- Wir veröffentlichen Ihre Hausarbeit,
  Bachelor- und Masterarbeit

- Ihr eigenes eBook und Buch -
  weltweit in allen wichtigen Shops

- Verdienen Sie an jedem Verkauf

Jetzt bei www.GRIN.com hochladen
und kostenlos publizieren

Kraftfahrzeuge und ihre Emissionen

Arne Von Berswordt

Bibliografische Information der Deutschen Nationalbibliothek:

Die Deutsche Nationalbibliothek verzeichnet diese Publikation in der Deutschen Nationalbibliografie; detaillierte bibliografische Daten sind im Internet über http://dnb.d-nb.de abrufbar.

ISBN: 9783346707666
Dieses Buch ist auch als E-Book erhältlich.

© GRIN Publishing GmbH
Nymphenburger Straße 86
80636 München

Druck und Bindung: Books on Demand GmbH, Norderstedt Germany
Gedruckt auf säurefreiem Papier aus verantwortungsvollen Quellen

Das Buch bei GRIN: https://www.grin.com/document/1268042

Titel:

Kraftfahrzeuge und deren Émissionen

Inhaltsverzeichnis

1.1 Einleitung

Der Mensch hat seit je her den Wunsch sich schneller, weiter und mit größeren Lasten bewegen zu können, als er mit eigener Muskelkraft dazu im Stande wäre – und dass möglichst ohne körperliche Anstrengung. Daher hat er sich zu jener Zeit der Technik bedient die Ihn fortschrittlich voranbringt. Mit der, vor 125 Jahren, beginnenden Entwicklung des Automobils, wurde das Verkehrsmittel geschaffen, das aufgrund seiner individuellen und flexiblen Einsetzbarkeit bis heute am meisten genutzt wird. Die ständige Weiterentwicklung dieses Fortbewegungsmittels bewirkt eine Revolution der Mobilität. Dem Auto als Gegenstand kommt eine enorme Bedeutung zu; auch verdeutlicht die Wahrnehmung der Gesellschaft den Stellenwert des Automobils für das Individuum. Seither hat sich die Geschichte des Autos und seiner Symbolik ständig gewandelt und sich dem Stand der zeitgemäßen Technik angepasst. Heutzutage ermöglicht das Auto eine individuelle und vor allem, noch deutlich wichtigere freiheitliche Eigenschaft, die selbstständige Möglichkeit der Mobilität. In der heutigen Zeit besteht für einen Großteil der weltweiten Bevölkerung in sehr vielen Regionen dieser Erde der Zugang individuelle Mobilität und den Transport von Gütern in Anspruch zu nehmen, dazu die untenstehende Abbildung 1 zur Beachtung. Immer wieder zeigt sich, dass zivilisatorischer, wirtschaftlicher und kultureller Fortschritt weltweit durch den Zugang der Mobilität verbunden ist.[1]

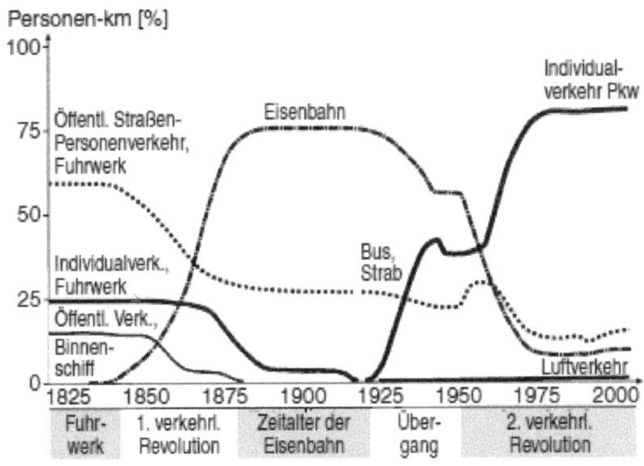

Abbildung 1: Personenverkehr in der BRD seit 1820

---

[1] (Bräss, 2013), S.54 ff.

Wie in Abbildung 2 erkennbar ist, werden in Deutschland 80% der Personenverkehrsleistung mit dem Pkw abgewickelt. Die Anzahl der Automobile beträgt weltweit
heute etwa 630 Millionen, wobei die Massen-Motorisierung einiger großer und vieler
kleiner Länder erst im Anfang zu berücksichtigen ist bzw. noch gar nicht vollkommen
erschlossen ist. In noch nicht vollständig erschlossenen Ländern wird aller Voraussicht
nach auch in den kommenden Jahren eine große Wachstumsrate eintreten.

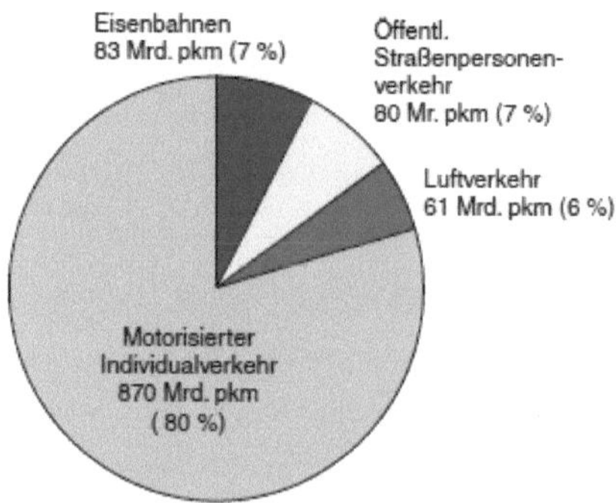

Abbildung 2: Personenverkehrsleistung in Deutschland 2008

Diese stetig ansteigende Entwicklung der Verkehrsleistung bedeutet auch eine ständig
sich ändernde Auslastung der gesamten Infrastruktur, gezeigt in Abbildung 3. So
werden je nach Entfernung in der heutigen Zeit auch Flugzeuge, Eisenbahn, Bus und
Straßen- bzw. U-Bahnen neben dem herkömmlichen Personenkraftwagen kurz PKW
eingesetzt um den Ansprüchen der „mobilen" Gesellschaft zu genügen. [2]

---

[2] (Bräss, 2013), S.55.

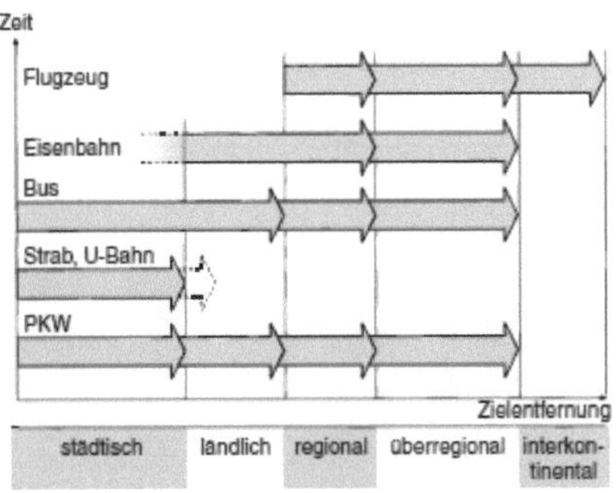

Abbildung 3: Einsatzbreite verschiedener Verkehrsmittel

Eine unabdingbare Voraussetzung für jeden, der sich mit dem Verkehr im Allgemeinen und dem Automobil im Speziellen beschäftigt, ist außer dem die Berücksichtigung der Erkenntnisse verschiedenster Fachdisziplinen. So gilt es zur Weiterentwicklung einzelner Transporttehnologien nicht nur technologische sondern auch soziologische, psychologische und ökologische Faktoren zu berücksichtigen und entsprechende Disziplinen mit einzubeziehen. Eine für die Zukunft relevante Aktion auf der Liste der Automobilhersteller auf globaler Ebene, ist die Reduzierung der in Deutschland im Jahre 2019 noch benötigten 3673 Petajoule. 2019 betrug der gesamte Primärenergieverbrauch des Verkehrssektors etwas mehr als ein Viertel des gesamten Primärenergieverbrauchs in Deutschland.

Der Personenverkehr benötigt rund 67 % des gesamten Primärenergieverbrauchs des Verkehrssektors. Zwischen 1995 und 2019 stieg der Verbrauch um rund 11 %. Dies lag vor allem an der Zunahme des Energieverbrauchs im globalen Luftverkehr um rund 83 %. Der Energieverbrauch für innerdeutsche Flüge stieg dagegen bis 2011 leicht an und sank danach etwas ab. Insgesamt war somit eine Verringerung ab 1995 um knapp 1,5% zu verzeichnen. Der Energieverbrauch im Straßenverkehr blieb mit leichten Schwankungen nahezu gleich, lag aber 2019 dennoch rund 7% über dem Niveau von 1995. Der Energieverbrauch im Schienenverkehr ist seit 1995 um fast 32 % deutlich gesunken. Grade im Bezug auf stark wachsende Bevölkerungs-lokationen wie beispielsweise China und Indien; diese wiesen in den vergangenen Jahren bereits ein sehr starkes Wachstum auf und werden auch aller Prognose nach in den kommenden Jahren große Wachstumsraten aufweisen können. Auf Basis der untenstehenden Abbildung 4 werden nicht nur die Vorteile sichtbar, sondern auch die Nachteile des Straßenverkehrs, insbesondere der signifikante Ressourcen-Verbrauch,

Unfallgefahren und Umweltwirkungen in Technik und Gesellschaft; die alle samt einen hohen Stellenwert beklagen.[3]

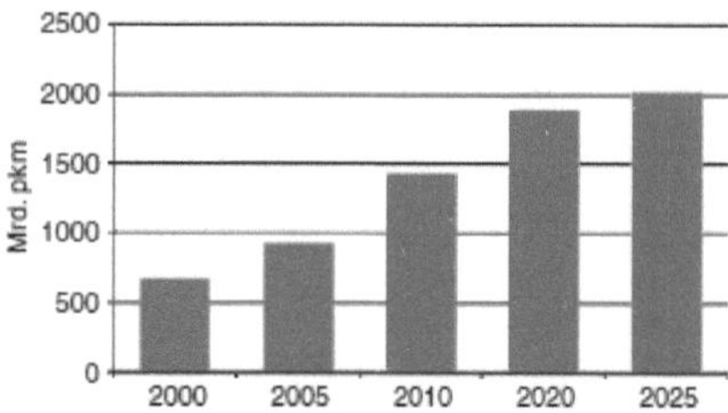

Abbildung 4: Entwicklung und Prognose der Verkehrsleistung im motorisierten Individualverkehr in China

2 Entwicklungsgeschichte, Ursachen und Arten der Mobilität
2.1 Entwicklungsgeschichte

Die Technik im Kraftfahrzeug hat sich über die letzten Jahrzehnte stetig weiterentwickelt. Das jeweilige Fabrikat, der Konkurrenz im Automobilsektor gegenüberstehend, muss immer mehr tun, um mit diesen Neuerungen Schritt zu halten. Mittlerweile spielen viele neue Themen der Wissenschaft und Technik in Kraftfahrzeugen eine übergeordnete Rolle. Dies sind nicht nur neue Themen aus der klassischen Fahrzeug- und Motorentechnik, sondern auch aus der Elektronik und aus der Informationstechnik. Aufgrund der verschiedenen beruflichen Tätigkeiten in der Automobil- und Zulieferindustrie sind zudem unterschiedlich detaillierte Ausführungen gefragt. Gerade heute ist es so wichtig wie früher: Wer die Entwicklung mit gestalten will, muss sich mit den grundlegenden wichtigen Themen gut auskennen und diese beherrschen. Damals läutete der deutsche Erfinder Carl Benz 1886 mit dem dreirädrigen Benz Patent-Motorwagen Nummer 1, die Geburtsstunde des modernen Automobils mit Verbrennungsmotor ein. Das «Triciclette» wurde damals durch einen Vorläufer der noch heute gebräuchlichen Ottomotoren angetrieben. Fast zeitgleich und unabhängig von Benz konstruierte auch der Cannstätter Gottlieb Daimler ein Fahrzeug, für dessen Vertrieb er schließlich die Daimler-Motorengesellschaft gründete. Der Zusammenschluss erfolgte erst vier Jahrzehnte später: 1926 fusionierten die beiden deutschen Autobauer zur bekannten Daimler-Benz AG. Keine zehn Jahre nach der Erfindung des modernen Autos sorgte Rudolf Diesel mit der Entwicklung des ersten Dieselmotors für eine weitere Pionierleistung. Das Patent

---

[3] (Bräss, 2013), S.55

«Arbeitsverfahren und Ausführungsart für Verbrennungsmaschinen» meldete er somit 1893 an.[4]

Abbildung 5: Benz Patent-Motorwagen Nummer 1

Abbildung 6: Porsche Cabrio

Ein weiterer großer Name der deutschen Automobilwelt schrieb früh Geschichte: Im Jahr 1900 stellte der Ingenieur Ferdinand Porsche mit seinem Lohner-Porsche das erste voll funktionsfähige Elektroauto vor, das gleichzeitig auch das erste Allradfahrzeug war: Akkus trieben Elektromotoren an allen vier Rädern an. Das Elektromobil ist also keineswegs eine Erfindung der Neuzeit, aber neue Batteriegeneration mit mehr Reichweite machen das Elektromobil heutzutage massentauglich. Viele Mobilitätskonzepte hatten schon früh ihren Ursprung. So stellte die Audi-Vorläuferfirma NSU mit dem 8/24 schon 1913 das erste Auto mit einer Aluminium-Leichtbau-Karosserie vor. In Serie ging diese Bauart dann bei Audi erst 1999 mit dem Audi A2. Der Lancia Lambda von 1922 war das erste Auto mit selbsttragender Karosserie. Diese leichte und kostengünstigere Bauweise hat sich seitdem als Standard durchgesetzt. Es dauerte nach der Erfindung des Automobils noch weitere 26 Jahre, bis Henry Ford 1913 mit der Fließbandproduktion des Ford Modell T die Basis für die erfolgreiche Massenproduktion und -verbreitung des Automobils legte. Plötzlich waren Fahrzeuge nicht nur für die oberen Gesellschaftsschichten erschwinglich – und die unvergleichliche Erfolgsgeschichte des Autos nahm ihren Anfang. Den größten Erfolg in der Geschichte der Automobile feierte jedoch ein deutsches Fabrikat: Der VW Käfer, der ab 1938 bis 2002 produziert wurde, war mit 23,5 Millionen Exemplaren bis zur Einstellung der Produktion das meistverkaufte Auto der Welt.

Den größten Einfluss auf die Autoindustrie der heutigen Zeit hatte sicher der bekannte Amerikaner Elon Musk, der mit seinem von 2008 bis 2012 gebauten elektrischen Tesla

---

[4] (Reif, 2011), S.6

Roadster die etablierten Hersteller aufscheuchte. Der Zweisitzer war das weltweit erste elektrische Serienfahrzeug mit einem Batteriesystem aus Lithium-Ionen-Akkus und Tesla wurde zum Taktgeber bezüglich Elektromobilität weltweit. Immer mehr Hersteller bieten heute Elektroautos an, entwickeln jedoch parallel dazu auch Fahrzeuge mit Wasserstoff-, Hybrid- oder Erdgas-Antrieb und treiben zudem die Optimierung der Verbrennungsmotoren voran. Denn nur durch eine gemeinsame Anstrengung aller Antriebsformen lässt sich eine mögliche Dekarbonisierung des Individualverkehrs bis 2050 erreichen.[5]

2.2 Aktivitäten bestimmen Mobilität

Die stetig ansteigende Mobilitätsnachfrage wird von zahlreichen Einflussfaktoren beeinflusst. Dies sind unter anderem Faktoren aus den Gebieten Gesellschaft, Ökonomie, Politik, Umwelt oder Technologie. Die enge Kopplung zwischen Wirtschafts- und Verkehrsleistung der vergangenen Jahre scheint sich jedoch abzuschwächen, bzw. zumindest im Personenverkehr. Der Güterverkehr jedoch ist in den letzten Jahren hingegen sogar deutlich überproportional zum Bruttoinlandsprodukt gewachsen. Dieser Trend wird sich aller Voraussicht nach in den kommenden Jahren fortsetzen; siehe dazu Abbildung 5.[6]

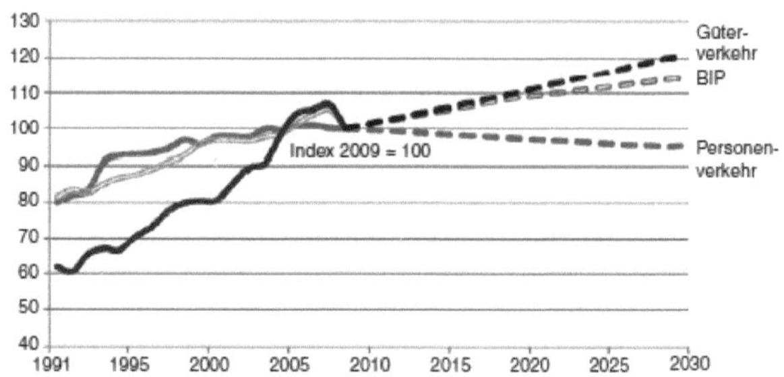

Abbildung 7: Entwicklung der Wirtschaftleistung und Verkehrsleistung im Personen/Güterverkehr in Deutschland

Wiederum lassen sich der Abbildung 6, die wichtigsten Anlässe für Mobilität von Personen in Deutschland entnehmen, die da wären: Freizeit, Beruf und Einkauf.

---

[5] (Autogewerbe Verband Schweiz), S.1-3
[6] (Bräss, 2013), S.4

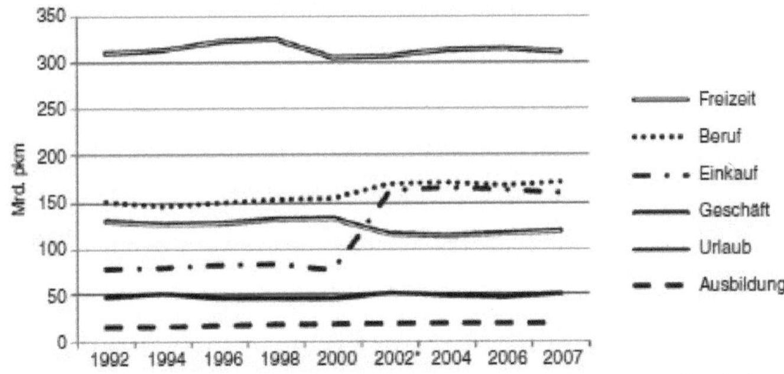

*Abbildung 8: Entwicklung der Verkehrsleistung in motorisiertem Individualverkehr*Antriebsarten

Die Unterschiede zwischen Dieselmotoren und Ottomotoren sind signifikant und werden daher an dieser Stelle erläutert.

<u>Dieselmotor</u>

Der Dieselmotor ist ein Selbstzündungsmotor mit eigener Gemischbildung. Die für die Verbrennung benötigte Luft wird im Brennraum sehr hoch verdichtet. Dabei entstehen hohe Temperaturen, bei denen sich der eingespritzte Dieselkraftstoff selbst entzündet. Die im Dieselkraftstoff enthaltene Energie wird vom Dieselmotor über Wärme in mechanische Arbeit umgesetzt. Der Dieselmotor ist die Verbrennungskraftmaschine mit dem höchsten effektiven Wirkungsgrad (bei großen langsam laufenden Motoren weit mehr als 50 %). Der damit verbundene niedrige Kraftstoffverbrauch, die vergleichsweise schadstoffarmen Abgase und die vor allem durch die Voreinspritzung verminderte Akustik verhalfen dem Dieselmotor zu großer Verbreitung. Kein anderer Verbrennungsmotor wird so verschieden eingesetzt wie der Dieselmotor. Dies ist vor allem auf seinen hohen Wirkungsgrad und der damit verbundenen hohen Wirtschaftlichkeit zurückzuführen. Dieselmotoren werden als Reihenmotoren und V-Motoren gebaut; ein detaillierter Aufbau ist der Abbildung 9 zu entnehmen. Sie eignen sich grundsätzlich sehr gut für die Aufladung, da bei ihnen im Gegensatz zum Ottomotor kein Klopfen auftritt. Benannt nach Rudolf Diesel (1858 bis 1913), der 1892 sein erstes Patent auf „Neue rationelle Wärmekraftmaschinen" anmeldete.

Es erforderte jedoch noch viel Entwicklungsarbeit, bis 1897 der erste Dieselmotor bei MAN in Augsburg vom Band lief. Spezifisch hierbei ist die sich je nach Anwendungs-bereich ergebende mögliche Auslegung des Dieselmotors fokussiert auf unterschiedlich Schwerpunkte. Zur Reduzierung der NO_x-Emission bei Pkw und Nkw wird ein Teil des Abgases in den Ansaugtrakt des Motors zurückgeleitet

(Abgasrückführung). Um noch niedrigere NO$_x$-Emissionen zu erhalten, kann das zurückgeführte Abgas gekühlt werden. Dieselmotoren können sowohl nach dem Zweitakt- als auch nach dem Viertakt-Prinzip arbeiten. Im Kraftfahrzeug kommen hauptsachlich Viertakt-Motoren zum Einsatz. Dieselmotoren mit direkter Einspritzung, im Gegensatz zu jenen mit indirekter Einspritzung, arbeiten im Allgemeinen mit möglichst zentral angeordneten Lochdüsen mit 4 bis 10 Spritzlochern (meist 6 bis 8 Locher).[7]

Die Einspritzrichtung ist sehr genau an den Brennraum angepasst. Abweichungen in der Größenordnung von 2 Grad von der optimalen Einspritzrichtung

fuhren zu einer messbaren Erhöhung der Rußemissionen und des Kraftstoffverbrauchs.

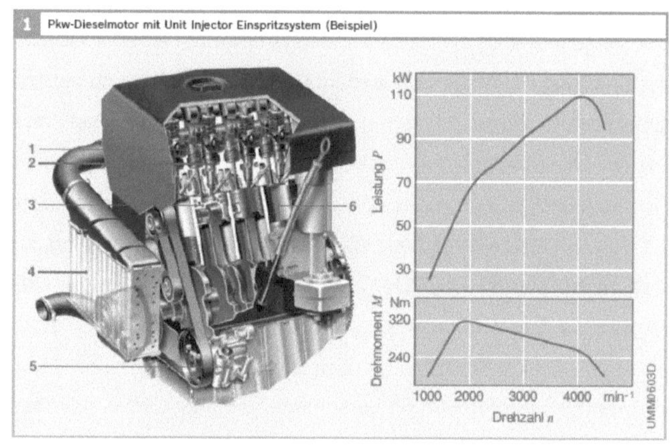

Abbildung 9: PKW-Dieselmotor mit Einspritzsystem

Besonders von Pkw-Motoren wird ein hohes Maß an Durchzugskraft und Laufruhe erwartet. Auf diesem Gebiet wurden durch weiterentwickelte Motoren und neue Einspritzsysteme mit Elektronischer Dieselregelung (Electronic Diesel Control, EDC) große Fortschritte erzielt. Das Leistungs- und Drehmoment verhalten konnte auf diese Weise seit Beginn der 1990er- Jahre wesentlich verbessert werden. Deshalb hat der „Diesel" unter anderem auch den Einzug in die Pkw- Oberklasse geschafft.

In Pkw werden Schnellläufer mit Drehzahlrelais von bis zu 5500 min$_{-1}$ eingesetzt. Das Spektrum reicht vom 10-Zylinder mit 5000 cm$_3$ in Limousinen bis zum 3-Zylinder 800

---

[7] (Reif, 2011), S.14 ff.

cm₃- Motor in Kleinwagen. Neue Pkw-Dieselmotoren werden in Europa nur noch mit Direkteinspritzung (DI, Direct Injection engine) entwickelt, da hier der Kraftstoffverbrauch bei ca.15-20 % geringer ist als bei Kammermotoren. Diese heute fast ausschließlich mit einem Abgas Turbolader ausgerüssteten Motoren bieten deutlich höhere Drehmomente als vergleichbare Ottomotoren. Das im Fahrzeug maximal mögliche Drehmoment wird meist von den zur Verfugung stehenden Getrieben und nicht vom Motor bestimmt.[8]

Die stetig schärfer werdenden Abgasgrenzwerte sowie die gestiegenen Leistungsanforderungen erfordern Einspritzsysteme mit sehr hohen Einspritzdrucken. Die steigenden Anforderungen an das Abgasverhalten bilden auch zukünftig durchaus marktentscheidende Herausforderung für die Entwickler von Dieselmotoren. Deshalb wird es in Zukunft besonders auf dem Gebiet der Abgasnachbehandlung zu weiteren Handlungsbedarf geben.

<u>Ottomotor</u>
Der Ottomotor ist ein fremdgezündeter Verbrennungsmotor, der ein Luft-Kraftstoff-Gemisch verbrennt und damit die im Kraftstoff enthaltene chemische bzw. in den Kohlenwasserstoffen enthaltene Energie in Bewegungsenergie umwandelt. Lange Zeit hatte der Vergaser die Aufgabe, das Luft-Kraftstoff-Gemisch bereitzustellen. Der Vergaser bildet das zündfähige Gemisch im Saugrohr, das die für die Verbrennung benötigte Luft ansaugt. Gesetzliche Vorgaben zur Einhaltung von Abgasemissions-Grenzwerten verhalfen der Benzineinspritzung, die eine genauere Kraftstoffzumessung ermöglicht, zum Durchbruch. Bei der Saugrohreinspritzung entsteht das Luft-Kraftstoff-Gemisch – wie bei Vergaseranlagen – im Saugrohr. Weitere Vorteile, insbesondere bezüglich des Kraftstoffverbrauchs und der Leistungssteigerung, brachte die Entwicklung der Benzin-Direkteinspritzung. Diese Technik spritzt den Kraftstoff zum richtigen Zeitpunkt direkt in den Brennraum ein. Angetrieben durch die Verbrennung des Luft-Kraftstoff-Gemischs führt der Kolben gemäß Abbildung 10 im Zylinder eine periodische Auf- und Ab-bewegung aus. Diese Funktionsweise gab diesem Motor den Namen Hubkolbenmotor. Die Pleuelstange setzt diese Hubbewegung in eine Rotationsbewegung der Kurbelwelle um. Eine Schwungmasse an der Kurbelwelle halt die Bewegung aufrecht. Die Kurbelwellendrehzahl wird auch u.a. Motordrehzahl genannt.[9]

---

[8] (Reif, 2011), S.34ff.
[9] (Reif, 2011), S.44

a   Ansaugtakt
b   Verdichtungstakt
c   Arbeitstakt
d   Ausstoßtakt
1   Auslassnocken-
    welle
2   Zündkerze
3   Einlassnockenwelle
4   Einspritzventil
5   Einlassventil
6   Auslassventil
7   Brennraum
8   Kolben
9   Zylinder
10 Pleuelstange
11 Kurbelwelle
M Drehmoment
α Kurbelwellenwinkel
s Kolbenhub
V_h Hubvolumen
V_C Kompressions-
    volumen

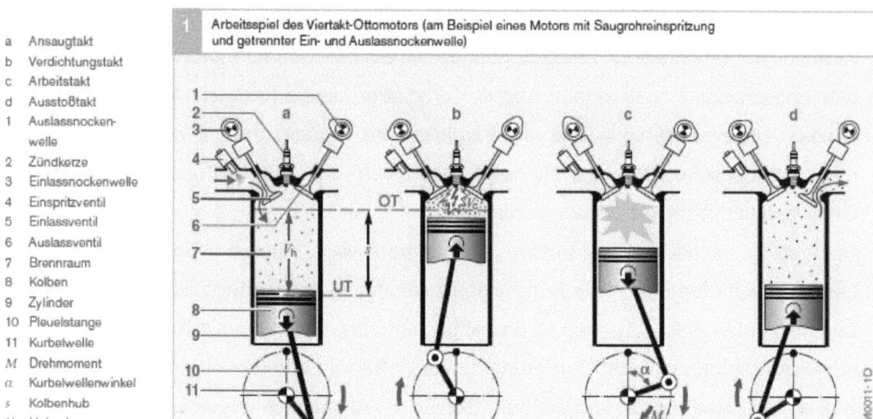

Abbildung 10: Otto-motor Viertakt Darstellung

Die meisten in Kraftfahrzeugen eingesetzten Verbrennungsmotoren arbeiten nach dem Viertakt-Verfahren. Bei diesem Verfahren steuern Gaswechselventile (5 und 6) den Gaswechsel (Ladungswechsel). Sie öffnen und schließen die Ein- und Auslasskanale des Zylinders und steuern so die Zufuhr von Frischgas und das Ausstoßen der Abgase. Die einzelnen Takte sind im Folgenden erläutert und in Abb 11 dargestellt.

1. Takt: Ansaugtakt

Ausgehend vom oberen Totpunkt (OT) bewegt sich der Kolben abwärts und vergrößert das Brennraumvolumen im Zylinder. Dadurch strömt frische Luft (bei Benzin-Direkteinspritzung) bzw. das Luft-Kraftstoff-Gemisch (bei Saugrohreinspritzung) über das geöffnete Einlassventil in den Brennraum. Im unteren Totpunkt (UT) hat das Brennraumvolumen seine maximale Größe erreicht.

2. Takt: Verdichtungstakt

Die Gaswechselventile sind nun geschlossen. Der aufwärts gehende Kolben verkleinert das Brennraum-volumen und verdichtet das Gemisch.[10]

Bei Motoren mit Saugrohreinspritzung befindet sich das Luft-Kraftstoff-Gemisch schon am Ende des Ansaugtakts im Brennraum. Bei der Benzin-Direkteinspritzung wird der Kraftstoff – je nach Betriebsart erst gegen Ende des Verdichtungstakts eingespritzt.[11]

Im oberen Totpunkt hat das Volumen seine minimale Große (Kompressionsvolumen erreicht.

3. Takt: Arbeitstakt

Bereits bevor der Kolben den oberen Totpunkt erreicht, leitet die Zündkerze zu einem vorgegebenen Zündzeitpunkt (Zündwinkel) die Verbrennung des Luft-Kraftstoff-Gemischs ein (Fremdzündung). Bis das Gemisch vollständig entflammt, hat der Kolben den oberen Totpunkt überschritten. Die Gaswechselventile sind weiterhin geschlossen. Die frei werdende Verbrennungswärme erhöht den Druck im Zylinder und treibt den Kolben nach unten.

4. Takt: Ausstoßtakt

Bereits kurz vor dem unteren Totpunkt öffnet das Auslassventil. Die unter hohem Druck stehenden heißen Gase strömen aus dem Zylinder. Der aufwärts gehende Kolben stößt die restlichen Ruckstande aus. Nach jeweils zwei Kurbelwellenumdrehungen beginnt ein neues Arbeitsspiel mit dem Ansaugtakt.

---

[10] (Reif, 2011), S.45
[11] (Reif, 2011), S.45

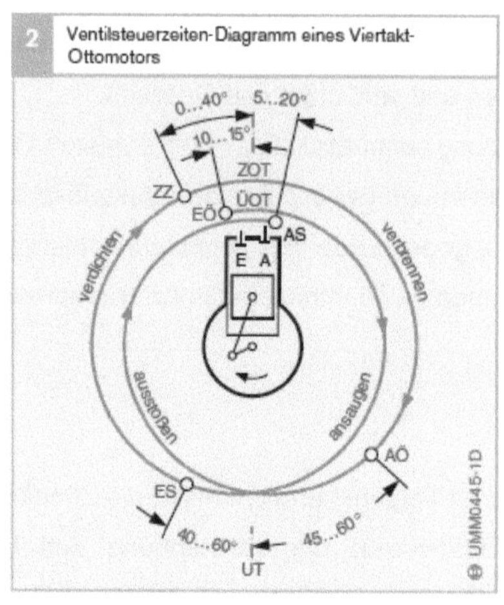

Abbildung 11: Ventilsteuerung Otto-Motor

Die Zündkerze entzündet die Luft-Kraftstoff-Mischung durch eine Funkenentladung. Die sichere Entflammung nach der Zündung hangt vom Luft-Kraftstoff-Verhältnis λ ab. Eine moderate Strömung an der Zündkerzenelektrode kann die Zündung deutlich verbessern. Im Anschluss an die Entflammung bildet sich eine Flammenfront aus, deren Geschwindigkeit mit zunehmendem Verbrennungsdruck zunimmt und gegen Ende der Verbrennung wieder abnimmt. Im Mittel ergibt sich eine Flammengeschwindigkeit von 15...25 m/s. Die Flammengeschwindigkeit ergibt sich aus dem Gemischtransport- sowie der Brenngeschwindigkeit. Sie hängt vom Luft-Kraftstoff-Verhältnis Lambda λ ab. Die Brenngeschwindigkeit erreicht bei einem leicht fetten Gemisch von λ = 0,8...0,9 ihr Maximum. Dort sind die Bedingungen für den idealen Gleichraumprozess näherungsweise erfüllbar. Aufgrund der hohen Brenngeschwindigkeit ergibt sich ein geeignetes Volllastverhalten bei hohen Drehzahlen. Hohe thermodynamische Wirkungsgrade ergeben sich bei hohen Brennraumtemperaturen, die bei einem Luft-Kraftstoff-Verhältnis von λ = 1,05...1,1 erreicht werden. Dieser Betriebszustand mit hohen Temperaturen bei Luftüberschuss begünstigt die Bildung von Stickoxiden (NO_x), die durch die Abgasgesetzgebung stark reglementiert sind.[12]

Den Austausch der genutzten Zylinderfüllung bzw. Abgas gegen Frischgas nennt man Ladungswechsel. Er wird durch das Öffnen und Schließen der Einlass- und

---

[12] (Reif, 2011), S.48 ff.

Auslassventile im Zusammenspiel mit der Kolbenbewegung gesteuert. Form und Lage der Nocken der Nockenwelle bestimmen den Verlauf der Ventilerhebung und beeinflussen dadurch die Zylinderfüllung. Die Zeitpunkte des Öffnens und Schließens der Ventile nennt man Steuerzeiten, die maximale Ventilerhebung bezeichnet man als Ventilhub. Die charakteristischen Größen sind Auslass öffnet, Auslass Schließt, Einlass öffnet, Einlass Schließt und der Ventilhub. Durch eine Ventilüberschneidung kann der Restgasanteil für das folgende Arbeitsspiel wesentlich beeinflusst werden. Während der Ventil-überschneidung sind Ein- und Auslassventil für eine gewisse Zeit gleichzeitig geöffnet, d. h., das Einlassventil öffnet, bevor das Auslassventil schließt. Ist in der Überschneidungsphase der Druck im Saugrohr niedriger als im Abgastrakt, so tritt eine Rückströmung des Restgases in das Saugrohr auf; weil das so zurückgesaugte Restgas nach Auslass Schließt wieder angesaugt wird, führt dies zu einer Erhöhung des Restgasgehalts.

Bei Aufladung kann während der Überschneidungsphase der Druck vor dem Einlassventil auch höher sein; in diesem Fall findet die Strömung in Richtung des Abgastrakts statt, das Abgas wird ausgelassen und es kann außerdem zu einem Durchströmen der Luft in den Abgastrakt kommen. Wenn es gelingt, das Abgas auszuspülen, steht dessen Volumen für eine erhöhte Frischgasfüllung zur Verfügung. Den Effekt nutzt man daher zur Steigerung des Drehmoments im unteren Drehzahlbereich (bis ca. 2000 min$_{-1}$) entweder im Zusammenspiel mit dynamischer Aufladung bei Saugmotoren oder mit Turboaufladung. Die von einem Ottomotor abgegebene Leistung P wird durch das verfügbare Kupplungsmoment M und die Motordrehzahl n bestimmt. Das Kupplungsmoment ergibt sich aus dem durch den Verbrennungsprozess erzeugten Drehmoment, vermindert um das Reibmoment und die Ladungswechselverluste, sowie das zum Betrieb der Nebenaggregate benötigte Drehmoment. Das Antriebsmoment ergibt sich aus dem Kupplungsmoment und der an Kupplung und Getriebe auftretenden Summe der Verluste.[13]

---

[13] (Reif, 2011), S.50 ff.

3 CO2-Emissionen

3.1 Die Klimadiskussion

Über die Auswirkung der handelnden Gesellschaft hinsichtlich einer Verknappung von endlichen Ressourcen wird in der heutigen Zeit seit einigen Jahren oft diskutiert. Der Einfluss menschlicher Aktivitäten auf das Weltklima rückt seit mehr als 25 Jahren im mehr in den Fokus der Öffentlichkeit. Dem IPCC (Inter-governmental Panel of Climate Change) zu Folge hat sich die anfängliche Hypothese eines Klimawandels durch den Vergleich von Aufzeichnungen der vergangenen 100 Jahre bestätigt. In der Zwischenzeit haben fast alle Länder den Klimaschutz zum wesentlichen Bestandteil ihrer Umweltpolitik erklärt. Die Europäische Union betrachtet den Klimawandel als das größte Umweltproblem, die Reduzierung von sog. anthropogenen (= vom Menschen verursachten) Emissionen ist deshalb zentraler Bestandteil einer gesamteuropäischen Umweltpolitik. Es ist die Auffassung des europäischen Parlaments, dass sich ein Großteil der Kohlendioxidemissionen (CO_2) aus der gängigen Verkehrsinfrastruktur ergibt. Der politische Ansatz ist also jene, durch eine deutliche Reduzierung der CO_2-Emissionen den Klimawandel nachhaltig abzuschwächen –bzw. zu entschleunigen.[14]

3.2 Anthropogene Treibhausgase

Aus technischen Messungen, die im Ursprung aufgesetzt wurden um die CO2 Emissionen zu reduzieren, geht hervor, dass der Wasserdampf den global größten Anteil an Treibhausgasen ausmacht.[15] Zwischen 60 und 95% des natürlich bedingten Treibhaus-Effektes geht somit auf den Wasserdampf zurück. CO2 aus natürlichen Quellen gelangt mit 5-40% in den natürlichen Treibhauseffekt. Nur ca. 1% aller Treibhausgase entstammen anthropogenen Ursprungs. Hiervon entfallen nur rund 0,5% auf anthropogene CO2- Emissionen, der Rest verteilt sich auf den Ausstoß von Methan (CH4), Fluor-Chlor-Kohlenwasserstoffen (FCKW), Ozon (O3), etc. Der global größte Ausstoß an anthropogenen CO2-Emissionen stammt aus Kraftwerken (24%), gefolgt von Haushalten (23%), Industrieanlagen (19%) sowie der Vernichtung von Biomasse (Abholzung). Der globale Straßenverkehr (PKW und NFZ) trägt einen Anteil von ca.12% an den anthropogenen CO2-Emissionen. Rund 6% davon gehen zu

---

[14] (Lunanova, 2009), S.3
[15] (Gruden, 2006)

Lasten des Automobils. Ein analoges Bild ergibt sich bei der Betrachtung der anthropogenen CO2-Emissionen in der EU sowie in Deutschland.

Die Treiber sind auch hier Kraftwerke (31% bzw. 39%), gefolgt von den Haushalten mit 19 bzw. 21% sowie der Industrie mit 18%. Der Anteil des PKW-Verkehrs fällt mit 12% größer aus als im globalen Vergleich. Der LKW/NFZ-Verkehr trägt einen Anteil von 9% bzw. 5%. In der nachfolgenden Abbildung 12 ist die Entwicklung der globalen anthropogenen CO_2-Emissionen seit 1980 sowie die Prognose bis zum Jahr 2020 dargestellt. Das Bild zeigt des Weiteren auch die Entwicklung des PKW bezüglich der des Straßenverkehrs.

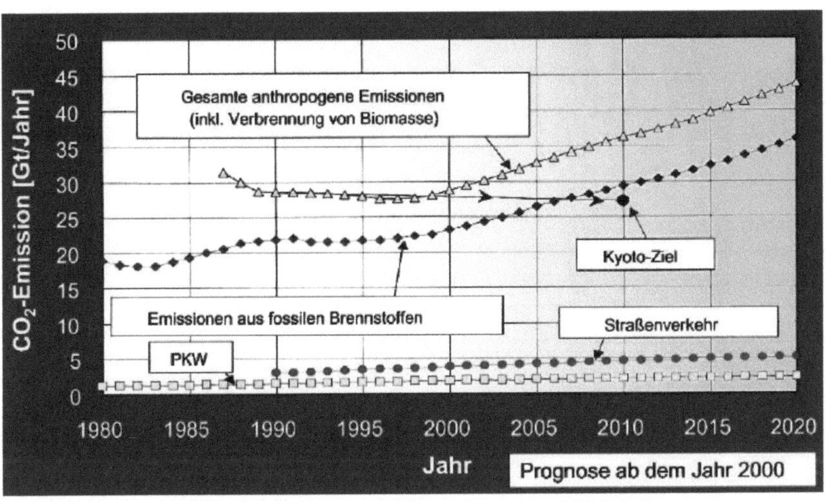

Abbildung 12: Entwicklung der globalen, anthropogenen CO2-Emissionen

Obwohl der Anteil des globalen Automobilverkehrs am anthropogenen CO_2 Ausstoß verhältnismäßig klein ist unternimmt die Automobilindustrie dennoch große Anstrengungen, einen wesentlichen Beitrag zur weiteren Senkung der CO_2-Emissionen beizusteuern. Da die CO_2-Emmitierung gegenüber dem Kraftstoffverbrauch direkt proportional ist, resultiert aus dem eingangs erwähnten politischen Ansatz die technische Herausforderung, den Kraftstoffverbrauch, beziehungsweise den Flottenverbrauch kontinuierlich zu senken. Die europäische

Automobilindustrie (ACEA) hatte sich zum Ziel gesetzt, den kilometer-bezogenen CO_2-[16]

Ausstoß von durchschnittlich 186 Gramm CO_2/km in 1995 auf einen Durchschnitts-wert von 140 Gramm CO_2/km bis zum Jahr 2008 sowie auf 120 Gramm CO_2/km bis zum Jahr 2012 zu senken; ersichtlich ist dies in der nachfolgenden Abbildung 13.

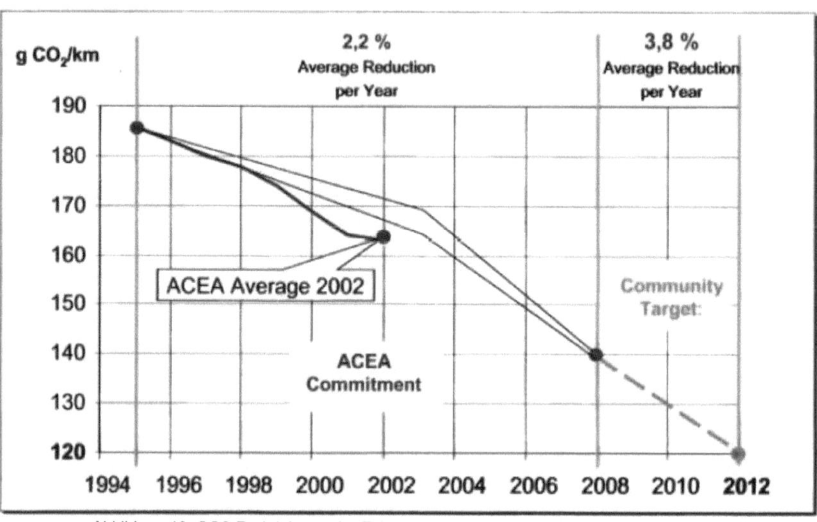

Abbildung 13: CO2-Reduktion in der EU, Vereinbarung zwischen der ACEA und der EU

In verbrauchsorientierten Zahlen resultiert daraus die Erkenntnis, dass dies einen Verbrauch von 6,0 Liter/100 km Ottokraftstoff –bzw. 5,1 Liter/100 km Dieselkraftstoff bis 2008 sowie 5,1 Liter/100 km, resp. 4,5 Liter/100 km bis 2012 bedeutet.[17]

---

[16] (Lunanova, 2009),S.4 ff.
[17] (Lunanova, 2009),S.4 ff.

3.3 Gesetzliche Rahmenbedingungen hinsichtlich der CO2-Emissionen von Pkw

Zur Reduktion der CO_2-Emissionen im Straßenverkehr sind in den meisten Industrienationen rechtliche Vorgaben bereits in Kraft oder geplant, die die Emissionen von Neufahrzeugen beschränken. Zu den weltweit bedeutendsten zählen u. a. aufgrund der Marktgröße jene in der Europäischen Union und den USA. Sie werden im Folgenden erläutert.

3.3.1 Anforderungen an Automobilhersteller in der Europäischen Union

Während der Ausstoß von Abgasen wie Kohlenstoffmonoxid (CO), Kohlenwasserstoffen (C_mH_n), Stickstoffoxiden (NO_x) und Feinstaub für Pkw schon seit Anfang der 1970er Jahre innerhalb der Europäischen Union (EU) gesetzlich limitiert ist,[18] gilt für durchschnittliche CO_2-Flottenemissionen noch eine freiwillige Selbstverpflichtung der Automobilindustrie mit einem Wert von 140 g/km ab 2008.[19] Ab 2012 wird jedoch ein gesetzlich festgeschriebener fahrzeugmasseabhängiger Grenzwert für die durchschnittlichen Flottenemissionen eines Automobilherstellers eingeführt werden. Mit Flotte wird hier die Summe aller verkauften Neuwagen bezeichnet. Die Messung der Fahrzeugemissionen erfolgt mittels eines genormten Testzyklus, in dem ein als repräsentativ angenommenes Streckenprofil gefahren wird. In der Messung enthalten sind alle wesentlichen Fahrzeugeigenschaften. Der Grenzwert wird abhängig von der Fahrzeugmasse und zwei im Gesetz festgeschriebenen Konstanten berechnet.

---

[18] (BRD, 2007), Richtlinie 70/220/EWG ist bereits seit 1970 inkraft, vgl. EU (1970). Aktuell gültig sind die Normen Euro 4 und Euro 5, vgl. EU (1998) und EU (2007)
[19] (BMU, 2007)

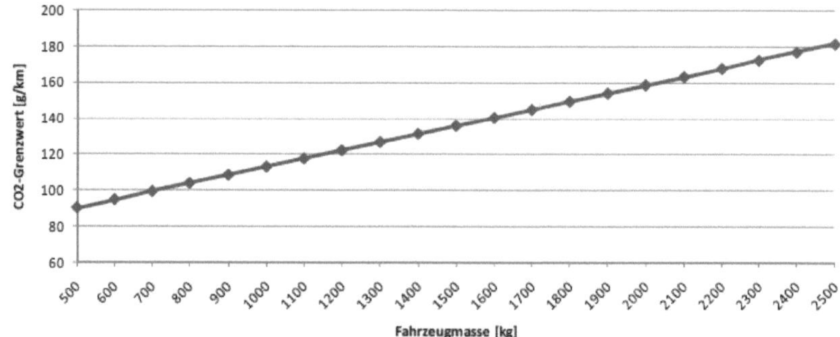

Abbildung 14: Zielvorgabe für spezifische CO2-Emissionen je Neufahrzeug von 2012-2015Das langfristige Ziel der EU sind durchschnittliche CO₂-Emissionen von 95 g/km für Neufahrzeuge ab 2020. Es werden Strafzahlungen in Abhängigkeit von den Abweichungen von den gesetzlichen Vorgaben zu leisten sein. Zunächst wird es jedoch eine Übergangsphase geben, in der geringere Spezifikationen gelten werden und auch die potentiellen Strafzahlungen kleiner sein werden. So werden im Jahr 2012 lediglich 65% der abgesetzten Neufahrzeuge im Durchschnitt den geforderten Grenzwert erreichen müssen. Diese Quote steigt 2013 auf 75 % und 2014 auf 80 %. Ab 2015 müssen dann 100% aller abgesetzten Fahrzeuge in die Bewertung des Flottenemissionswertes einfließen. Gleichzeitig werden besonders emissionsarme Fahrzeuge bei der Berechnung des Flottendurchschnittswertes höher. Liegen die CO₂-Emissionen unter 50 g/km wird dieses Fahrzeug 2012 bis 2013 mit 3,5 gewichtet, in den Jahren 2014 und 2015 mit 2,5 respektive 1,5 und ab 2016 wieder mit 1,0. Darüber hinaus sind Sonderregelungen für die Nutzung so genannter „kreativer Öko-Ideen" geplant.[20]

3.3.2 Anforderungen an Automobilhersteller in den USA

In den USA ist der Ausstoß von CO, NO$_x$, Feststoffen, Formaldehyd (HCHO) sowie nichtmethanhaltigen organischen Gasen (NMOG) für Kraftfahrzeuge gesetzlich reglementiert. Die USA sind dem Kyoto-Protokoll nicht beigetreten, deshalb finden CO₂-Emissionen in der Gesetzgebung nicht explizit Beachtung, wohl aber indirekt über die vorgeschriebene durchschnittliche Reichweite einer Gallone Benzin für Fahrzeuge mit weniger als 8.500 lb. Leermasse eines Herstellers, die „Corporate Average Fuel Economy" (CAFE). CAFE wurde im Laufe der Ölkrise in den 1970er Jahren entwickelt Die Messung der Fahrzeugemissionen erfolgt ebenfalls anhand eines genormten Testzyklus[57], der jedoch anders strukturiert ist als in der EU. Strafzahlungen von $ 55 je mi/gal, die der Grenzwert überschritten wird, werden erhoben. Dies wird mit der Summe aller abgesetzten Pkw und leichten Nutzfahrzeuge im betreffenden Jahr multipliziert.[58] Der CAFE-Grenzwert wurde im Rahmen der technischen Weiterentwicklung in der Automobilindustrie seit der Gesetzeseinführung im Jahr 1975 immer wieder angepasst[59], siehe Tabelle 3. Im Jahr 1978 lag der Grenzwert noch bei 18 mi/gal, was einem Verbrauch von 13,1 l/100 km oder CO₂- Emissionen von 488 g/mi

---

[20] (Lunanova, 2009),S.20 ff.

bzw. 303 g/km entspricht. Seit 1990 ist der Grenzwert auf 27,5 mi/gal (8,6 l/100km Benzinverbrauch oder 320 g/mi bzw. 199 g/km CO_2-Emissionen).Im Vergleich zu europäischen Vorschriften sind damit die Vorschriften der US-Bundesbehörden weit weniger anspruchsvoll.

Jahr	Grenzwert Verbrauch [mi/gal][60]	Grenzwert Verbrauch [l/100km][61]	CO_2-Emissionen [g/mi][62]	CO_2-Emissionen [g/km][63]
1978	18,0	13,1	488	303
1979	19,0	12,4	462	287
1980	20,0	11,8	439	273
1981	22,0	10,7	399	248
1982	24,0	9,8	366	228
1983	26,0	9,0	338	210
1984	27,0	8,7	325	202
1985	27,5	8,6	319	199
1986	26,0	9,0	338	210
1989	26,5	8,9	332	206
1990	27,5	8,6	320	199
2007	27,5	8,6	320	199

Abbildung 15: CAFE-Grenzwerte und äquivalente CO2-Emissionen

Seit 2010 entwickeln die Bundesbehörden EPA und NHTSA auch Vorschriften zur Reduktion der durch Pkw verursachten Treibhausgasemissionen. Bis 2016 wird auf dieser Grundlage ein durchschnittlicher Verbrauchswert von 35,5 mi/gal (250 g CO_2/mi bzw. 155 g CO_2/km) angestrebt.[21]

---

[21] (Lunanova, 2009), S.22

3.4 Entwicklung der limitierten Emissionen in Deutschland

3.4.1 Umweltzonen in Deutschland

In Deutschland sind Umweltzonen fest definierte Gebiete, in die nur Kraftfahrzeuge eines definierten Typs hineinfahren dürfen, die somit bestimmte Abgasstandards einhalten. Um Fahrzeuge nach ihrer Schadstoffklasse unterscheiden zu können, werden sie in vier verschiedenen Grundschadstoffgruppen eingeordnet und mit farbcodierten Plaketten optisch gekennzeichnet (rot, gelb und grün). Die Einteilung der Schadstoffgruppen richtet sich nach den Emissionsschlüsselnummern der einzelnen Fahrzeuge und ist durch die 35. Verordnung zur Durchführung des Bundes-Immissionsschutzgesetzes (35. BImSchV) geregelt. Die vier Schadstoffgruppen orientieren sich im wesentlichen an den Abgasemissionsstufen von Dieselfahrzeugen (Euro 1 bis Euro 4 bei Pkw sowie Euro I bis Euro V und EEV-Standard [Enhanced Environmentally friendly Vehicle] bei Nutzfahrzeugen). Fahrzeuge, die eine anspruchsvollere Abgasstufe wie beispielsweise Euro 5 für Pkw einhalten, fallen in die beste Schadstoffgruppe. Das ist die Schadstoffgruppe 4. Schadstoffgruppe 4 gilt außerdem für alle Kraftfahrzeuge mit Fremdzündungsmotor, die mindestens die Anforderungen der Anlage XXIII der Straßenverkehrs-Zulassungs-Ordnung (StVZO) (Schlüsselnummer 01 oder 02) oder der 52. Ausnahmeverordnung der StVZO (Schlüsselnummer 77) erfüllen sowie für Kraftfahrzeuge mit Fremdzündungsmotor, die zukünftige Anforderungen, wie Euro 5 oder Euro 6 erfüllen. Fahrzeuge dürfen in eine Umweltzone nur dann hineinfahren, wenn sie über eine entsprechende Plakette verfugen. Die konsequente Regelungen wird in den einzelnen Umweltzonen durch die jeweilige Kommune bestimmt. So werden in der Stufe 1 nur Fahrzeuge ohne Plakette ausgesperrt. In der Folgezeit sind dann auch Fahrzeuge mit roter (Stufe 2) oder gelber Plakette (Stufe 3) betroffen und dürfen in das als Umweltzone ausgewiesene Gebiet nicht mehr hineinfahren. Eine genauere Darstellung der Plakettenzuteilung für die Umweltzonen in Deutschland ist in der unten stehenden Abbildung 16. zu finden. Demnach gibt es derzeit in Deutschland 58 Umweltzonen (Stand Februar 2018). In 57 sind ausschließlich Fahrzeuge mit grüner Plakette erlaubt (Stufe 3) und nur in Neu-Ulm sind noch Fahrzeuge mit einer gelben Plakette zugelassen (Stufe 2). Somit befinden sich fast alle derzeit aktiven Umweltzonen in Deutschland in Stufe 3 und sind hinsichtlich der Schärfe der Regelungen gut vergleichbar. [22]

---

[22] (Peters, Cyrys, & Rückerl, 2018),S.644

Allerdings unterscheiden sie sich dennoch, hauptsächlich bezüglich ihrer Größe sowie begleitender Maßnahmen.

Schadstoffgruppe	1	2	3	4
	Keine Plakette	Rote Plakette	Gelbe Plakette	Grüne Plakette
Anforderungen für Diesel-Pkw (Selbstzündung)	Euro 1 oder schlechter	Euro 2 oder Euro 1 mit Partikelfilter	Euro 3 oder Euro 2 mit Partikelfilter	Euro 4 oder Euro 3 mit Partikelfilter oder höhere Abgasstufen
Anforderungen für Otto-Pkw bzw. Nutzfahrzeug (Fremdzündung)	Schlechter als Schadstoff-gruppe 4	Wird nicht zugeteilt	Wird nicht zugeteilt	Anlage XXIII StVZO, Abgasreinigungssystem nach 52. Ausnahmeverordnung zur StVZO, Euro 1 bis Euro 4 bzw. Euro I bis Euro V und EEV sowie höhere Abgasstufen
Anforderungen für Dieselnutzfahrzeug (Selbstzündung)	Euro I oder schlechter	Euro II oder Euro I mit Partikelfilter	Euro III oder Euro II mit Partikelfilter	Euro IV, V, EEV oder Euro III mit Partikelfilter und höhere Abgasstufen

Abbildung 16: Grundlegende Darstellung der Schafstoffklassen bzw. Plakettenzuweisung

3.4.2 Wirksamkeit von Umweltzonen in Deutschland

Die ersten Umweltzonen (z.B. in Berlin, Köln und Hannover) wurden Anfang 2008 deklariert und wurden primär wegen Überschreitungen der Grenzwerte für PM10-Feinstaub eingeführt, die bereits im Jahr 2005 in Kraft getreten sind. Die Grenzwerte für NO2 sind erst im Jahr 2010 in Kraft getreten. Somit wurden die ersten Umweltzonen in Luftreinhalteplanen als Maßnahme zur Reduzierung des PM10-Feinstaubs festgelegt (bei Überschreitung der Grenzwerte für PM10-Feinstaub). Auch bei Analysen der Wirksamkeit von Umweltzonen stand in der Anfangsphase eher der PM10-Feinstaub im Vordergrund. Nicht ohne Grundwerden die Plaketten für Umweltzonen als „Feinstaubplaketten" bezeichnet. Die Minderungswirkung der Umweltzone wurde in vielen Kommunen vor der Einführung dieser Maßnahme durch Modellrechnungen und anhand von aktuellen Verkehrsdaten prognostiziert. Die ortsspezifische Änderung der Fahrzeugflotte wurde ebenfalls berücksichtigt. Hierbei ging man davon aus, dass die Einführung der Umweltzone zu einem schnelleren Austausch älterer Fahrzeuge führt.[23]

---

[23] (Peters, Cyrys, & Rückerl, 2018),S.646

Dies bedeutet, dass sich die Wirkung der Umweltzone auf das gesamte Straßennetz einer Stadt und der Umgebung auswirkt und sich nicht nur auf das Gebiet der Umweltzone beschränkt. Eine Schätzung des Umweltbundesamtes, die in Zusammenarbeit mit dem Institut für Energie- und Umweltforschung (IFEU) vor der Einführung der Umweltzonen durchgeführt wurde, prognostizierte Immissionsminderungen von PM10-Feinstaubkonzentrationen von bis zu 10 %, je nach technischem Zustand der Fahrzeuge. In dieser Studie wurde eine Immissionsminderung von NO2 nicht berechnet. Darüber hinaus haben einzelne Kommunen bereits vor der Einführung der Umweltzone die Auswirkungen im Vorfeld durch Modellrechnungen abgeschätzt. Das Umweltbundesamt (UBA) hat die Ergebnisse vieler Modellierungen zusammengetragen und prognostizierte für die Stufe 1 der Umweltzone eine Verminderung der PM10-Konzentration um etwa 2% (bezogen auf den Jahresmittelwert). Eine entsprechende Abschatzung für NO2 wurde nicht erstellt. Diese relativ geringe Minderung der PM10-Konzentrationen war der Hauptkritikpunkt der Einführung von Umweltzonen. Es wurde kritisiert, dass die Einrichtung der Umweltzonen zwar mit dem Feinstaubproblem begründet wird, aber nach vielen Abschatzungen die Reduktion der Feinstaubkonzentration nur wenige Prozent ausmacht. Darüber hinaus wurde diskutiert, ob diese Veränderungen wegen des störenden Einflusses der Meteorologie messtechnisch überhaupt nachzuweisen sind.

Der analytische Nachweis der erwarteten Effekte von nur wenigen µg/m3 ist schwierig. Eine Messung bildet nur die Wirkung aller beeinflussenden Faktoren ab. Ein wesentlicher Faktor, der die Konzentration der Luftschadstoffe bestimmt, ist die Meteorologie, die bei der Analyse der Messdaten berücksichtigt werden muss. Bei der Ermittlung der Auswirkungen von Umweltzonen können prinzipiell entweder (a) im Querschnitt ähnlich strukturierte Gebiete mit und ohne Umweltzonen miteinander für den gleichen Zeitraum verglichen werden oder es werden (b) im Längsschnitt für das gleiche Gebiet Zeitraume vor und nach der Einführung der Umweltzone einander gegenübergestellt.[24]

---

[24] (Peters, Cyrys, & Rückerl, 2018),S.646 ff.

4 Fazit

Die Verkehrswende ist als Teil der Energiewende zu betrachten. Diese wiederum ist eine wesentliche Voraussetzung, um die Erwärmung unseres Planeten Erde signifikant zu verlangsamen. Die Menschen verursachen mit ihrem Handeln bzw. der Freisetzung von Treibhausgasen, die wiederum die Erderwärmung vorantreiben, eine beschleunigte Abnutzung der vorhandenen Ressourcen sowie eine Bestimmung über sämtliches Leben. Dies nachhaltig zu ändern, ist das erklärte Ziel der vereinigten Staatengemeinschaft. Auf dem Klimagipfel 2015 in Paris legten die Staaten den Grundstein in Form verbindlicher Klimaziele. Jeder Staat unterstützt mit dem Erreichen seiner individuellen Zielen das Gemeinwohl, die Erderwärmung auf deutlich unter zwei Grad Celsius zu drücken. Der Weltklimarat setzt hier das Ziel mit 1,5 Grad Celsius noch straffer. Gemäß dem Umweltbundesamt entstehen so für den Verkehrssektor folgende Aufgaben: klimaneutraler Personen- und Gütertransport ab 2050 sicher zu stellen. Klimaneutralität besagt, dass die Menschen nur noch so viel Kohlenstoffdioxid verursachen dürfen, wie die Natur neutralisieren kann. Der Boden, Pflanzen oder Ozeane haben die Fähigkeit, eine gewisse Menge an Kohlendioxid kurz CO_2 zu binden. An diesen natürlichen Kapazitäten sind zukünftig die erlaubten geregelten Mengen an CO_2-legitimiert.

Die Verkehrswende stützt sich auf zwei Säulen:

1. Alternative Antriebssysteme: Ein langfristiges Ziel für den Klimawandel und den Personen- sowie Güterverkehr betreffend ist es, dass auf den Straßen Fahrzeuge mit alternativen Antriebssystemen fahren. Nach Einschätzung des Umweltbundesamtes sind von allen untersuchten Alternativen, Elektroautos die günstigste und schnellste Lösung.

2. Ein weiterer unumgänglicher Schritt zur Umstrukturierung im Rahmen der Mobilitätswende sieht möglicherweise wie folgt aus:

    - Ein Umschwung zur Nutzung anderer Verkehrsmittel anstelle des eigenen Automobils sollte angestrebt werden.
    - Ein Umschwung zur Erweiterung und Optimierung der Schienennetze: Die Gleise für den Zugverkehr können so in den kommenden Jahren modernisiert werden und gleichzeitig möglichst vielen Menschen zugänglich gemacht werden.

5 Literaturverzeichnis

Autogewerbe Verband Schweiz. (kein Datum). Das Automobil ist eine unvergleichliche Erfolgsgeschichte. *Welt des Autos*, 1-3.

BMU. (12. 09 2007). *Zusage der Automobilindustrie zur Senkung des Kraftstoffverbrauchs bzw. der CO2-Emissionen bei Personenwagen bis 2008 auf 140 g/km.* Von http://www.bmu.de/wirtschaft_und_umwelt/selbstverpflichtungen/doc/36514.php abgerufen

Bräss, H.-H. (2013). *Handbuch Kraftfahrzeugtechnik.* Viesweg.

BRD. (2007). Richtlinie 70/220/EWG.

EPA. (12. 11 2010b). National Program to Reduce Greenhouse Gases and Improve Fuel Economy for Cars and Trucks. *EPA*, S. 420.

Gruden, D. (2006). Technical Measures To Reduce Carbon Dioxide Emissions On The Road Traffic. *SAE*.

Lunanova, M. (2009). *Optimierung von Nebenaggregaten.* Wiesbaden: Vieweg + Teubner.

Peters, A., Cyrys, J., & Rückerl, R. (2018). Umweltzonen in Deutschland. *Bundesgesundheitsblatt*, 644 - 646.

Reif, K. (2011). *Bosch Grundlagen Fahrzeug - und Motorentechnik.* Wiesbaden: Vieweg+Teubner Verlag.

Wansart, J. (2012). *Analyse von Strategien der Automobilindustrie zur Reduktion von CO2-Flottenemission und zur Markteinführung alternativer Antriebe.* Berlin: Springer Gabler.